AF311363

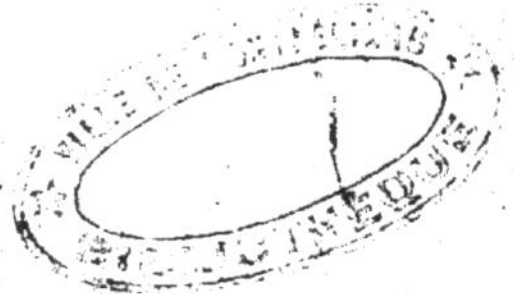

LE RADIUM

ET

LES NOUVELLES RADIATIONS

Berget, Alphonse
Le Radium et les nouvelles radiations.

29373

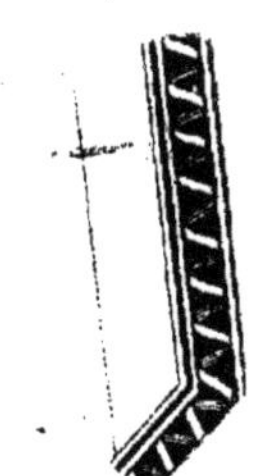

A. BERGET

*Du Laboratoire des recherches physiques à la Sorbonne,
Docteur ès sciences.*

LE RADIUM

ET

LES NOUVELLES RADIATIONS

QUE FAUT-IL EN PENSER?

QUE FAUT-IL EN ATTENDRE?

PORTRAITS

DE

M. & Mme CURIE & M. BECQUEREL

VILLE DE MONTBÉLIARD
BIBLIOTHÈQUE

LIBRAIRIE UNIVERSELLE
33, RUE DE PROVENCE, 33
PARIS (9e)

VILLE DE MONT-BÉLIARD
BIBLIOTHÈQUE

Cliché Pirou.

M. BECQUEREL.

M. et Mme Curie dans leur laboratoire.

LE RADIUM

ET LES NOUVELLES RADIATIONS

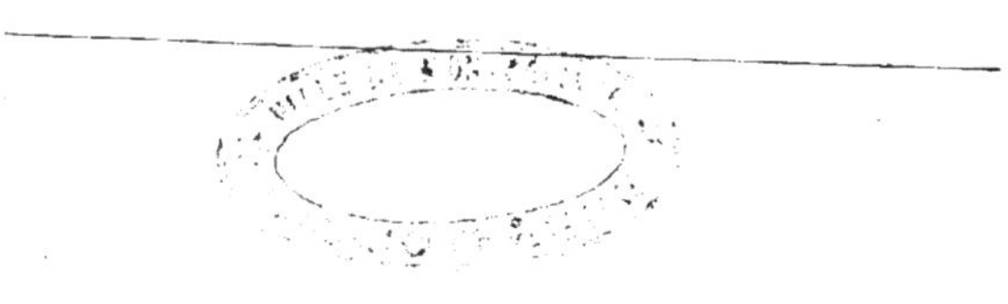

INTRODUCTION

Au mois d'octobre de l'année 1492, un audacieux Gènois, Christophe Colomb, parti d'Espagne avec trois petits navires, découvrait un monde nouveau. Cette découverte révolutionna complètement les connaissances humaines de cette époque : alors que l'on croyait que l'Europe, l'Asie, l'Afrique, constituaient à elles seules l'ensemble de la Terre, voici que, de l'autre côté de l'Atlantique, un continent nouveau apparaissait, séparé de l'Asie par un autre Océan immense, continent où tout était inattendu, tout était à explorer, continent renfermant des richesses inouïes, de l'or, de l'argent, des pierres précieuses.

La découverte de l'Amérique fut ainsi un des facteurs les plus puissants dans l'évolution de l'humanité entière, dans le développement de son activité générale. Il orienta les énergies et les volontés dans une voie nouvelle, et, par un réflexe inévitable, des nouvelles civilisations, que l'émigration continue fonda dans le monde nouveau, sortirent des idées neuves qui, à leur tour, conquièrent aujourd'hui le monde ancien dont elles modifient l'industrie et même les mœurs.

En 1896, un fait au moins aussi important, une découverte au moins aussi capitale vient d'être faite dans le domaine des sciences physiques, domaine pourtant si exploré : c'est la découverte d'une nouvelle propriété de la matière, la *radio-activité*, due à l'un de nos plus illustres physiciens, Henri Becquerel, membre de l'Institut, professeur de physique à l'École polytechnique.

Cette découverte est pour la physique aussi importante que le fut celle de l'Amérique pour la géographie : elle ouvre aux recherches des savants un monde nouveau et insoupçonné. Elle montre qu'il existe dans l'univers des forces et des transformations de force que nous ignorions,

d'où nous pouvons induire qu'il y en a, sans
doute, d'autres encore que nous ne soupçonnons
pas ; elle semble en contradiction avec les lois
actuellement admises dans la physique générale,
ce qui nous oblige à revoir ces lois et à les mo-
difier ; elle a, enfin, par le phénomène encore
inexplicable de l'*émanation*, amené les physiciens à rechercher si un nouvel état de la matière
n'était pas manifesté. Elle consiste essentielle-
ment en ce fait que certains corps peuvent
émettre, pendant un temps presque indéfini, de
la chaleur, de la lumière, de l'électricité, sans
en recevoir du dehors, sans perdre de leur poids,
sans que leur pouvoir rayonnant s'affaiblisse.
C'est l'inverse du tonneau des Danaïdes, c'est
quelque chose d'aussi extraordinaire qu'un vase
qui resterait toujours plein, bien que l'on con-
somme sans s'arrêter le liquide qu'il renferme.

On le voit, c'est bien un monde nouveau à
explorer, monde dont le Christophe Colomb est
incontestablement notre compatriote Henri Becquerel.

Et, pour que la comparaison avec l'illustre
navigateur se continue, de même qu'à la suite
de Colomb s'élancèrent d'audacieux *conquista-
dores*, les Pizarre, les Cortez, les Vespuce, qui
explorèrent le nouveau continent et en décou-

vrirent les richissimes parties, de même, à la
suite de Becquerel, de savants et laborieux chercheurs partirent sur la route qu'il avait tracée
et y firent des découvertes dont l'importance
n'échappe à personne; au premier rang de ces
découvertes, se place celle d'un corps nouveau,
corps qui résume au plus haut degré la radio-
activité de la matière, c'est le *radium*, « cherché » et trouvé par M. et Mme Curie, deux
savants français dont le nom est aujourd'hui
justement populaire.

Le radium résume, en les exaltant, toutes les
propriétés nouvelles de la matière découverte
par Becquerel; il a permis d'en trouver d'autres
encore, il permet des espérances sans fin; aussi
allons-nous essayer de retracer ici son histoire.

Ce petit livre a été écrit pour exposer, aussi
clairement que possible, ce que l'on a fait pour
arriver à cette découverte, ce que l'on en sait
actuellement, ce qu'on peut en espérer pour
l'avenir.

Je me suis abstenu de tout développement
littéraire, de toute phrase pompeuse : la grandeur du sujet suffit, sans qu'il soit besoin d'or-
nements superflus; le tableau est plus beau que
tous les cadres dont on essaierait de l'entourer.
J'ai, de même, évité les réflexions plaisantes

dont on agrémente généralement les livres de vulgarisation scientifique : une découverte de l'importance de celle qui nous occupe tourne l'esprit vers des idées sérieuses et non vers des badinages inutiles.

J'ai esssayé surtout d'être clair : c'est de cette manière que j'espère, en étant compris par tous, avoir rendu un faible hommage au génie des savants qui viennent d'ajouter un étincelant fleuron à la couronne de gloire de notre pays.

ALPHONSE BERGET,
Docteur ès sciences.

CHAPITRE PREMIER

Quelques notions préliminaires.

FLUORESCENCE. — PHOSPHORESCENCE. — RAYONS
CATHODIQUES. — RAYONS X.

On a beaucoup écrit, tous ces temps derniers, sur le radium ; on parle de ses propriétés, des phénomènes qu'il provoque, des manifestations physiques qui l'accompagnent ; mais on oublie que ces choses diverses ne sont peut-être pas familières à tous.

Aussi ai-je pensé qu'il y aurait lieu de rappeler les notions indispensables à la claire intelligence des nouvelles découvertes : ces notions aideront, par la suite, le lecteur à mieux comprendre les travaux ultérieurs sur le radium, travaux dont parleront les journaux à mesure qu'ils apparaîtront. Si ce premier chapitre peut sembler aride, je le crois cependant nécessaire, comme est nécessaire la fatigue de l'ascension d'une tour à ceux qui veulent jouir de la vue admirable que l'on a de son sommet.

Nous ne remonterons pas jusqu'aux définitions de la chaleur, de la lumière, de l'électricité :

aujourd'hui les physiciens, basés sur de puissantes raisons, admettent que ces deux derniers agents se propagent par le même mécanisme, avec la même vitesse.

Mais, dans les articles de journaux et de revues qui parlent du radium, il y a certains termes qui reviennent souvent : ce sont ceux de *fluorescence*, de *phosphorescence*, de *rayons cathodiques*, etc. Je vais, avant toutes choses, en donner la définition.

PHOSPHORESCENCE

Tout le monde a remarqué la lueur que répandent, dans l'obscurité, les extrémités des allumettes chimiques : cette lueur est due à l'oxydation du phosphore qui les termine. C'est en souvenir de cela que l'on appelle *phosphorescents* tous les corps qui sont susceptibles d'émettre des lueurs visibles dans un milieu obscur. Mais, si l'effet est le même, la cause n'est pas toujours identique.

Certains corps ne peuvent être lumineux dans l'obscurité que s'ils ont, au préalable, subi pendant longtemps l'action de la lumière : c'est la *phosphorescence* ordinaire, telle que celle du sulfure de calcium. C'est avec les corps ainsi phosphorescents que l'on fait des réveille-matin dont le cadran est lumineux pendant la nuit : Ils ne font que restituer ainsi, à l'aide de leur phosphorescence, la lumière qu'ils ont reçue pendant les heures du jour.

La durée de la phosphorescence est variable suivant les diverses substances. Certaines d'entre elles restent lumineuses pendant deux jours; le

diamant, après quelques minutes d'exposition au
soleil, reste phosphorescent pendant plusieurs
heures ; la fluorine pendant 20 secondes, le spath
pendant un quart de seconde seulement. Par des
procédés de mesure très délicats, les physiciens
sont arrivés à déterminer des phosphorescences
plus fugitives encore. Il est à remarquer que c'est
à Edmond Becquerel, le père de celui qui a découvert la radio-activité, que sont dues presque toutes
nos connaissances actuelles sur la phosphorescence
et les particularités qu'elle présente.

La lumière ordinaire est composée d'une infinité
de couleurs simples, dont les plus caractéristiques
sont indiquées dans le vers célèbre :
Violet, indigo, bleu, vert, jaune, orangé, rouge.
C'est l'ordre dans lequel se placent les couleurs
du spectre solaire, résultat de la décomposition de
la lumière du soleil par un prisme.
On a montré que ce sont presque exclusivement
les rayons violets et *ultra-violets* qui développent
la phosphorescence.

FLUORESCENCE

Tout autre est la *fluorescence*. C'est une luminosité spéciale que prennent certains corps, comme le
verre d'urane, les solutions de sulfate de quinine, etc.,
quand ils sont frappés par les rayons violets ou
ultra-violets du spectre solaire. Mais, à l'inverse
des corps phosphorescents qui continuent à être
lumineux, même quand ont cessé de les frapper
les rayons qui les excitent, les corps fluorescents
s'éteignent dès que cessent d'agir sur eux les

rayons excitateurs. La différence essentielle entre la fluorescence et la phosphorescence, c'est donc la durée. La fluorescence n'a lieu que pendant l'action même des rayons lumineux et s'éteint avec eux, tandis que la phosphorescence persiste après l'extinction des rayons qui l'ont provoquée, survit, si j'ose dire, à la cause qui la développe.

Or, ces phénomènes de phosphorescence longue ou brève ne sont pas seulement provoqués par des rayons lumineux solaires : nous allons voir qu'ils peuvent être provoqués par l'action de rayons spéciaux, d'origine électrique; ce sont les *rayons cathodiques* et les *rayons Rœntgen*, plus connus sous le nom de *rayons X*.

Nous allons rappeler brièvement dans quelles conditions et sous quelles influences ces divers rayons peuvent prendre naissance.

RAYONS CATHODIQUES

Considérons un vase de verre **V**, hermétiquement fermé, et dans lequel on a fait le vide aussi parfaitement que possible, en enlevant l'air intérieur à l'aide d'une pompe aspirante parfaite. Le récipient est traversé en deux de ses points par deux tiges de platine *a* et *b* soudées dans l'épaisseur même du verre et terminées par deux plaques de même métal, **A** et **C**. Un appareil ainsi construit s'appelle **un** *tube de Crookes,* du nom de l'illustre physicien anglais qui l'a imaginé et construit.

Relions les tiges de platine *a* et *b* aux deux pôles d'un appareil producteur d'électricité à très haute tension : 40 à 50,000 volts [1], de façon que le courant passe dans le sens des flèches marquées sur la figure.

Si le vide n'est pas parfait, une lueur rouge-violacée part de la plaque A, qui s'appelle *l'anode*,

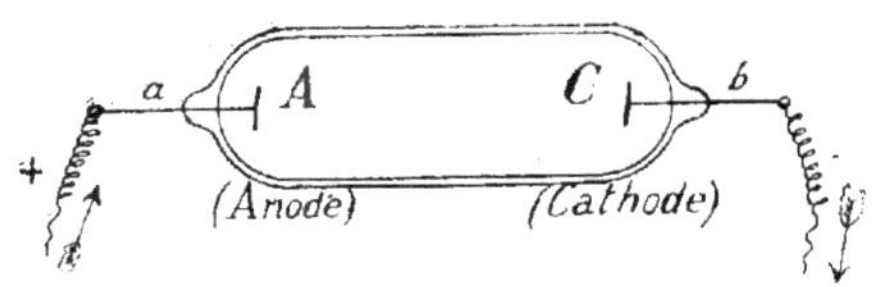

Fig. 1.

et vient, en s'affaiblissant graduellement, jusqu'à la plaque C, appelée *cathode*. C'est l'apparence qu'on observe dans les tubes de verre que l'on contourne en spirales pour leur donner des formes diverses, même celles des lettres de l'alphabet, et que l'on a fait traverser par des décharges électriques.

Mais si, au contraire, le vide est absolument parfait et qu'il ne reste plus dans le vase V, que des traces infinitésimales du gaz qui le remplissait tout d'abord, alors tout change. La lumière rouge violacé qui partait de l'anode A, s'efface jusqu'à disparaître, tandis qu'autour de la *cathode*, C, se dégagent des rayons, invisibles par eux-mêmes, et qui deviennent visibles que moyennant certaines

1. Le *Volt* est l'unité qui sert à mesurer la tension électrique. Pour donner une idée d'une tension de 40,000 volts, qu'il nous suffise de rappeler que les lampes électriques d'appartement, lampes à *incandescence*, logées dans des ampoules de verre, ne demandent qu'une tension de *cent dix* volts.

précautions : ce sont les *rayons cathodiques*, dont nous allons voir les curieuses propriétés.

PROPRIÉTÉS DES RAYONS CATHODIQUES

Ces rayons ne sont pas visibles par eux-mêmes mais il facile de manifester leur présence, car *ils illuminent les corps phosphorescents*. Il suffit donc de placer un corps phosphorescent au voisinage de la cathode C, pour voir ce corps devenir lumineux dans l'obscurité.

En particulier, le verre lui-même, dont est formé le vase V, prend sous l'action des rayons cathodiques une lueur à reflets verdâtres, lueur caractéristique de la présence de ces rayons. Parmi les substances que les rayons cathodiques peuvent faire luire dans l'obscurité, citons le verre, le cristal, le sulfure de zinc, le sulfure de calcium, la craie, la fluorine. Le diamant s'illumine vivement sous leur action et prend une phosphorescence jaune verdâtre, le rubis émet des lueurs rouges, la craie brille d'un éclat orangé, l'émeraude jette des reflets cramoisis. On voit par là que la couleur du corps, vu à la lumière du jour, n'a pas de rapport avec la nuance de sa phosphorescence.

Les rayons cathodiques se propagent en ligne droite : on le reconnaît en leur faisant effleurer des cartons couverts de corps phosphorescents, qui s'illuminent à leur passage ; *ils sont arrêtés par les obstacles solides ;* leur vitesse est de *40,000 kilomètres par seconde.* C'est, environ, mille fois la vitesse des planètes les plus voisines du soleil.

Les rayons cathodiques échauffent les corps qu'ils rencontrent, et cela quand leur action se prolonge, au point d'en amener l'incandescence et même la fusion.

Les rayons cathodiques sont chargés d'électricité négative; un aimant agit sur eux et les dévie de leur direction première. Ils oxydent l'air atmosphérique et le transforment en ozone. Ils traversent une faible épaisseur d'aluminium. Enfin, *ce sont les rayons cathodiques qui donnent naissance aux rayons X.*

RAYONS ROENTGEN OU RAYONS X

Tout le monde a vu ces curieuses expériences qu'on a répétées partout, même dans les music-halls et dans les foires, expériences dans lesquelles, en se plaçant dans l'obscurité, on pouvait voir, sur un carton phosphorescent, l'image complète du squelette de sa main. Les rayons qui permettent la réalisation de cette expérience ont été découverts en 1895 par le physicien allemand Rœntgen, et s'appellent les rayons X.

Pour produire des rayons X, on prend un *tube de Crookes,* on y fait passer un courant électrique de 40 à 50,000 volts. Il se produit, à la cathode C (fig. 1), des rayons cathodiques.

Quand ces rayons rencontrent un obstacle, ils l'échauffent, le rendent phosphorescent, mais ils lui communiquent de plus la propriété inattendue d'émettre des rayons nouveaux, qui se propagent dans l'air et qui sont précisément les rayons X.

Les rayons X sont donc les enfants des rayons cathodiques : ils en dérivent directement.

PROPRIÉTÉS DES RAYONS X

Ces rayons X se propagent en ligne droite. Ils ne se réfléchissent pas sur les miroirs, ils ne sont pas déviés par les prismes ou par les lentilles : ils traversent tous les corps qu'ils rencontrent, et cela plus ou moins facilement suivant la nature et l'épaisseur des obstacles qu'on leur offre.

Ainsi, ils traversent avec la plus grande facilité tous les tissus du corps humain, la chair, la peau, toutes les matières organiques, mais ils ont beaucoup plus de peine à passer à travers les corps de nature minérale, comme les pierres, les sels métalliques. Ils passent plus difficilement encore à travers les métaux.

De plus, ils excitent la phosphorescence, et ils impressionnent les plaques photographiques.

De là résultent leurs applications médicales... et autres.

On fait fonctionner un tube de Crookes à quelque distance d'un carton recouvert d'une matière fluorescente, et on met la main à plat, entre le carton et le tube.

Les rayons X rendent lumineux les points du carton qu'ils atteignent librement. La partie située sous la main n'est éclairée que par les rayons qui ont traversé les chairs et les os; la main paraîtra donc moins lumineuse que le fond du carton; de plus, dans la main elle-même, les os, matière minérale formée de carbonate et de phosphate de chaux, sont traversés plus difficilement encore que les chairs : l'ombre des os sera plus sombre, par suite, que celle du reste de la main; ils se détacheront donc en noir, et l'on pourra voir s'ils sont sains ou brisés, et, dans ce cas,.voir exactement la position et la forme de la fracture. Si, enfin, un projectile est resté dans le membre examiné, sa masse métallique, imperméable aux rayons X, se dessinera comme une tache noire au milieu de l'image plus claire des chairs.

Cet examen s'appelle l'*examen radioscopique*.

En remplaçant le carton phosphorescent par une glace photographique, on peut conserver l'image de l'observation précédente. Cette image s'appelle une *radiographie*.

Les services que l'examen radiographique des corps humains a rendus à la médecine sont immenses.

On avait espéré qu'il en rendrait aussi à l'administration des douanes, en permettant d'explorer, sans les ouvrir, le contenu des colis qui passent devant ses yeux inquisiteurs; mais la fraude est trop facile : il suffit de doubler le colis d'une feuille de zinc, dont le métal, imperméable aux rayons X, soustrait le contenu de la caisse à l'œil scrutateur de l'impitoyable douanier.

Ajoutons que les rayons X ont, dans certains cas, permis de traiter des tumeurs et semblent avoir cautérisé des plaies d'apparence cancéreuse.

La médecine a donc trouvé en eux un puissant auxiliaire.

Enfin, les rayons X ont des propriétés électriques : ils déchargent les corps électrisés placés à une certaine distance.

Telles sont les propriétés remarquables des rayons cathodiques et des rayons X, propriétés qui se manifestent à nous par l'intermédiaire des corps phosphorescents.

L'énergie électrique, dépensée pour faire fonctionner le tube de Crookes, se transforme par l'intermédiaire des rayons cathodiques, des rayons X et des corps phosphorescents, en énergie lumineuse.

Mais ces corps phosphorescents représentent, eux aussi, indépendamment de l'électricité, une transformation d'énergie, puisqu'on peut les exciter à l'aide de la lumière violette seule.

C'est pour ces raisons que M. Henri Becquerel, dès 1896, fut amené à faire l'étude spéciale des corps phosphorescents et à rechercher si, outre les rayons lumineux qu'ils émettent dans l'obscurité, ils ne seraient pas susceptibles d'émettre d'autres rayons qui seraient dotés d'une ou de plusieurs propriétés des rayons cathodiques et des rayons X.

Telle est l'origine et la cause des recherches qui ont conduit Henri Becquerel à la découverte de la *radio-activité* de la matière.

CHAPITRE II

LE RADIUM ET SES PROPRIÉTÉS

Maintenant, satisfaisons immédiatement la curiosité de notre lecteur, et disons-lui de suite ce qu'est le radium, en énumérant ses principales propriétés, que nous exposerons plus en détail dans les chapitres suivants.

L'uranium, étudié par H. Becquerel en 1896, est le type des corps *radio-actifs*, c'est-à-dire des corps qui semblent émettre *spontanément* et *indéfiniment* des rayons pénétrants, invisibles pour l'œil, mais dont on peut manifester la présence par l'illumination d'un corps phosphorescent, comme le sulfure de calcium.

Ces rayons, comme les rayons X, traversent les corps opaques ; mais, tandis que les rayons découverts par le professeur Rœntgen empruntent leur énergie à une source continue d'électricité, les rayons dont H. Becquerel a découvert la présence dans l'uranium constituent une radiation en apparence inépuisable et *dont l'énergie n'est empruntée à aucune source visible.*

Deux ans après la découverte de Becquerel, M. et Mme Curie, en étudiant un minerai appelé la *pechblende*, parvinrent à isoler un nouveau corps qu'ils nommèrent le *radium*, présentant toutes les propriétés de l'uranium, mais avec une intensité bien plus considérable, puisque la puissance rayonnante du radium est près de *deux millions de fois* plus grande que celle de l'uranium.

Actuellement on peut, sans crainte d'être taxé d'exagération, affirmer que le radium est un produit rare. Il n'y en a pas *cinq grammes* à l'état libre dans l'étendue du monde civilisé. Pour en extraire un gramme, il faut traiter dix mille kilogrammes de minerai ; ce traitement est long, très pénible, et le prix de revient du gramme ainsi obtenu est d'environ *deux cent mille* francs. Il n'y a donc que des milliardaires qui pourraient s'en offrir un kilogramme, qui reviendrait à la jolie somme de *deux cents millions !* Hâtons-nous, d'ailleurs, d'ajouter que, même en offrant les deux cents millions, on aurait quelque peine à trouver le kilogramme demandé. Il faut donc se contenter de centigrammes ou de milligrammes de radium, et encore, même à cette dose pharmaceutique, n'est-ce pas un produit accessible à toutes les bourses. Ce qu'on obtient en traitant la *pechblende*, ce minerai dont je parlais tout à l'heure et que l'on trouve en Autriche, ce n'est pas du radium isolé : ce sont des *sels* de radium, du chlorure de radium et du bromure de radium.

Ces sels sont lumineux par eux-mêmes et les radiations qu'ils envoient, comme les rayons X, illuminent les corps phosphorescents et impressionnent une plaque photographique, *en traversant tous les corps connus!* Il n'existe pas de substances qui soient absolument imperméables aux rayons émis par le radium : toutes se laissent pénétrer plus ou moins, suivant leur nature ou leur épaisseur. Dans ces conditions, l'impression de la plaque photographique est plus ou moins grande, suivant la plus ou moins grande pénétrabilité de l'écran interposé.

Une des propriétés les plus étonnantes de ces radiations nouvelles, c'est leur indifférence apparente aux variations de la température. Alors que, dans la nature, toutes les propriétés des corps, leur longueur, leur volume, leur élasticité, leur flexibilité, varient quand ils sont plus ou moins échauffés, seules les radiations rayonnées par le radium semblent défier les caprices du thermomètre. Que l'on place une parcelle de radium à la température de l'eau bouillante, à 100° au-dessus de zéro, ou qu'on la soumette à l'extrêmement basse température de l'ébullition de l'hydrogène liquide, 250° *au-dessous* de zéro, son rayonnement ne varie pas, et les rayons qu'elle émet non seulement circulent librement à travers l'épaisseur des corps opaques, mais encore rendent bons conducteurs de l'électricité tous les corps que l'on croyait jusqu'ici *isolants*, tels que la térébenthine, le pétrole, l'air atmosphérique.

Les propriétés électriques des rayons du radium ne s'arrêtent pas là :

Ces radiations déchargent, à distance, un électroscope chargé : aux environs d'une certaine quantité de sels radiques, il est impossible d'isoler un appareil électrique quelconque : ces rayons ont donc des propriétés électriques très nettes.

En outre, comme leurs cousins les rayons X, ils ne se réfléchissent pas sur les miroirs, pas plus qu'ils ne se réfractent à travers les prismes qu'ils traversent en ligne droite. Seul un aimant puissant semble capable non seulement de les dévier, mais encore de les décomposer en trois groupes, distincts les uns des autres, et inégalement électrisés.

Ce qu'il y a de troublant, de « renversant », si j'ose m'exprimer ainsi, dans le radium, c'est le caractère continu de son rayonnement.

Au moins jusqu'à nouvel ordre, et depuis cinq ans qu'il est isolé, le radium semble être une source perpétuelle, et *que l'on croit spontanée,* d'électricité : il en dégage indéfiniment sans s'affaiblir lui-même. Il dégage de même, et d'une manière continue et constante, de la chaleur : un thermomètre, placé à côté d'un tube de radium, indique toujours une température plus haute que celle du milieu environnant.

Comme on sait, d'autre part, que chaleur et électricité sont des formes de l'énergie, il résulte de ce qui précède que le radium, se mettant en travers de toutes nos conceptions acquises en physique, semble réaliser sous une forme inattendue ce *mouvement perpétuel* que tant d'esprits égarés ont cherché autrefois. Et il semblera réaliser ce mouvement tant que l'on n'aura pas démêlé, dans le labyrinthe de ses effets inexplicables, la cause première de son énergie rayonnante. A l'inverse du tonneau des Danaïdes, il peut être comparé à un vase qui resterait toujours plein malgré une consommation continue que l'on ferait du liquide qu'il renferme ; il est comme la bourse du Juif errant, qui contenait toujours cinq sous, à perpétuité.

Quelque extraordinaires que soient les propriétés du radium que nous venons de mentionner, il y a, cependant, mieux encore. Un sel de radium, en dissolution, communique temporairement ses propriétés à tous les corps, quels qu'ils soient, enfermés avec lui dans le même récipient. Il semble ainsi émettre une véritable *émanation* matérielle, analogue à celle des corps qui émettent des odeurs. Cette émanation paraît traverser le gaz, et se fixer sur les corps solides, *sans cependant les traverser*, comme le font les rayons ordinaires du radium : elle reste arrêtée par un obstacle solide, tel que la paroi d'un vase.

On peut toutefois la « distiller », en quelque sorte, comme on distille de l'alcool, en refroidissant la vapeur dans un serpentin refroidi. Si l'on recueille ces émanations radiques dans de l'air liquide dont la température est très basse, on peut les concentrer dans un volume restreint ; mais, aussitôt séparées du sel d'où elles proviennent, elles se dissipent assez rapidement. Comme on le voit, c'est là encore une propriété absolument inexplicable, en l'état actuel de la science.

Quant aux effets du radium sur les organismes

vivants, ils sont surprenants : des brûlures graves ont atteint les premiers expérimentateurs du radium : des animaux ont été paralysés par son action, et si quelques médecins ont conçu l'espoir de traiter le cancer par les émanations radiques, du moins n'est-il pas superflu de souhaiter que la plus extrême prudence préside à toutes les applications thérapeutiques de ce nouvel élément.

Une conclusion se dégage de tout cela, c'est que le radium marque un tournant brusque dans la route, jusqu'ici presque droite, de la physique : les propriétés de ce nouveau corps renversent, en effet, toutes les idées que nous considérions comme acquises relativement à la matière et à la force, puisqu'il s'en dégage constamment, et sans paraître s'affaiblir, de la lumière, de la chaleur, de l'électricité, c'est-à-dire trois formes de l'énergie, sans parler de cette « émanation », sont de matière impondérable, que l'on peut condenser. Et cependant, malgré ce rayonnement qui, jusqu'ici, semble incessant, le radium n'éprouve pas la moindre diminution de poids. L'énergie dépensée *par un gramme* de radium équivaut à plusieurs milliards de chevaux-vapeur.

D'où vient cette énergie formidable?

Deux explications se présentent à l'esprit, toutes deux, d'ailleurs, aussi hypothétiques l'une que l'autre : on peut supposer qu'il y a dans les molécules du radium une transformation atomique continue, transformation dont le mécanisme nous échappe, et dont l'énergie serait rayonnée. On peut, au contraire, admettre que les phénomènes de radiation observés ne sont autre chose que la transformation sensible d'un rayonnement de l'espace rayonnant que nos sens ne seraient pas encore susceptibles de percevoir.

Quoi qu'il en soit, on voit bien que c'est un nouveau monde, pour la science, que cette *radio-activité* de la matière qu'a découverte, d'une façon si géniale, le professeur Henri Becquerel, et que le radium de M. et Mme Curie présente à un si haut degré d'intensité.

Telles sont, rapidement énumérées, les propriétés principales du nouveau corps : toutes sont extraordinaires et inattendues.

Maintenant que nous avons esquissé les grands lignes du tableau, nous allons entrer dans les détails, et rappeler d'abord par quelle série de déductions, par quelle suite de recherches, les physiciens sont arrivés à découvrir, en premier lieu, la radio-activité de la matière, en second lieu le corps nouveau qui possède cette radio-activité à un degré si puissant.

Nous commencerons par exposer les recherches faites sur l'uranium par le professeur Becquerel.

CHAPITRE III

LES DÉCOUVERTES DE M. HENRI BECQUEREL

Les rayons de l'Uranium. — La radio-activité de la matière.

RAYONNEMENT SPONTANÉ DE L'URANIUM

Avez-vous jamais assisté à des fouilles archéologiques ? Non, peut-être, et, cependant, il n'est pas de spectacle plus impressionnant.

Guidé, non par le hasard, mais par des études préalables longues et approfondies, servi en outre par un instinct, par un « flair » spécial, l'archéologue, accompagné d'une armée d'ouvriers munis de pioches, de pics, indique du doigt le point du sol qu'il s'agit d'explorer.

Sous ses ordres, les ouvriers ouvrent une tranchée, l'approfondissent et l'élargissent sans cesse. De longues tiges de fer sondent les terres remuées. Longtemps les recherches sont vaines, longtemps les efforts sont inutiles. Le savant, pourtant ne désespère pas. Ses études historiques, les documents qu'il a accumulés, son expérience enfin, tout lui fait pressentir que là, sous ces mottes de terre, à quelques mètres de lui, sont les vestiges d'une sépulture, d'un camp, d'une ville disparue; que sous ses pieds, peut-être, sont les traces de toute une civilisation éteinte.

Tout à coup, on entend un bruit sec : le pic d'un ouvrier vient de heurter un corps dur. Tout le monde entoure l'heureux chercheur. Au bout d'un instant, un objet informe est dégagé de la masse environnante. Rien ne peut, à des yeux profanes, en faire soupçonner la nature, Mais le savant a eu un sourire de triomphe; lui seul a, déjà, pressenti quelle était la trouvaille, il la prend délicatement, avec mille précautions il la dégage de sa gangue et, au bout d'un instant, c'est un poignard, une coupe, un bijou, un crâne humain quelquefois, qu'il montre aux assistants étonnés, démontrant ainsi la justesse de ses prévisions.

C'est une série d'émotions analogues que doit éprouver le physicien à la recherche d'une loi nouvelle; c'est par des angoisses et des joies du même ordre qu'a dû passer M. Henri Becquerel quand il a, après de longues et patientes recherches, découvert le rayonnement spontané de l'uranium et de ses sels.

Voici par quelles circonstances l'illustre physicien fut amené à faire ses belles recherches sur l'uranium.

Nous avons dit, au chapitre premier, dans quelles conditions prenaient naissance les rayons de Rœntgen : ils sont provoqués par les rayons cathodiques rencontrant un obstacle.

Au début, on ne le savait pas. On avait simplement constaté leur présence par l'impression d'une glace photographique à travers un corps opaque, et cela au moyen d'un *tube de Crookes* comme celui qui est dessiné sur la figure 1.

Mais on avait remarqué que la source évidente des rayons X se trouvait sur la paroi de verre, au point où cette paroi était frappée par les rayons cathodiques, et on avait observé en même temps que cette paroi était vivement fluorescente.

Henri Becquerel fut ainsi amené à se demander si l'émission des rayons X n'accompagnait pas nécessairement le phénomène de la fluorescence, quelle que fût la cause de cette dernière.

Or, M. Becquerel savait que, parmi les corps hautement fluorescents, figurent les sels d'uranium, sels remarquables non seulement par leur fluorescence même, mais par d'autres propriétés optiques. Aussi commença-t-il ses recherches par des travaux sur les composés de l'uranium.

Ce furent des lamelles de sulfate double d'uranium et de potassium qui servirent à ses premières expériences. Il prit d'abord une plaque photographique qu'il enveloppa soigneusement dans plusieurs feuilles de papier noir, de façon à la préserver de l'action directe des rayons du soleil. La plaque, ainsi enveloppée, fut portée au jour, posée sur une table, et, au-dessus du papier protecteur, on plaça quelques parcelles de sel d'uranium.

Après quarante-huit heures d'exposition, on emporta la plaque dans la chambre obscure du laboratoire photographique et on la développa : on vit alors qu'elle était impressionnée exactement

aux points qui se trouvaient sous les lamelles de sel
d'uranium dont on avait saupoudré le papier noir
qui la recouvrait. Les autres points de la plaque
n'avaient reçu aucune impression. *Donc, les sels
d'uranium avaient émis des rayons pénétrants, analogues aux rayons X.* Les prévisions de M. H. Becquerel étaient, par conséquent, pleinement réalisées.

Toutefois, ce n'était encore que la première étape
de sa marche vers la grande découverte. Il croyait
que ces rayons pénétrants étaient la conséquence
de la fluorescence provoquée par l'exposition du
sel d'uranium à la lumière du jour.

Il ne tarda pas à remarquer que les *sels d'uranium émettaient des rayons pénétrants même dans
l'obscurité,* même après être restés longtemps dans
une chambre noire.

Il en conclut donc que le rayonnement de ces
sels était *spontané.* Dès lors, il n'y avait plus de
doute possible : on était en présence d'un phénomène tout à fait nouveau, d'une propriété nouvelle et inattendue de la matière; la *radio-activité*
était découverte.

Mais une question restait à résoudre, et cette
question, M. Becquerel l'a résolue aussitôt qu'il se
la fut posée.

Les rayons pénétrants émis par les sels d'uranium provenaient de sels fluorescents. La radio-activité ainsi observée tenait-elle à la fluorescence
de ces sels ou simplement au fait qu'ils étaient
des sels d'*uranium.* Autrement dit, la cause de

la radio-activité était-elle *physique* ou *chimique* ?

Tous les sels d'uranium furent expérimentés, tous émirent des rayons pénétrants, même l'uranium métallique. La propriété radiante appartenait donc bien à l'*atome* d'uranium ; elle tient à la nature même de ce corps.

Alors les travaux de Becquerel furent autant de conquêtes : il reconnut coup sur coup, en 1896 et 1897, que les rayons émis par l'uranium ne subissaient ni la réflexion sur les miroirs ni la réfraction par le prisme ; il reconnut surtout leur caractère capital, caractère qui permettait de *doser* le rayonnement de ces bizarres produits : c'est que les rayons *uraniques* déchargeaient, à distance, les corps électrisés, et il donna ainsi la méthode qui a permis, dans la suite, de déterminer l'intensité plus ou moins grande de tous les les corps *radio-actifs* analogues à l'uranium.

Ces expériences remarquables eurent, à l'étranger, un grand retentissement. L'éminent physicien anglais lord Kelvin les répéta avec un plein succès, et un autre physicien anglais, dont le nom devait devenir célèbre dans cette question de la radio-activité, M. Rutherford, s'attacha dès lors à cette étude qui devait le conduire, plus tard, à une découverte de premier ordre.

CHAPITRE IV

LA DÉCOUVERTE DU RADIUM. — LES TRAVAUX DE
M. ET Mme CURIE.

Ce n'était pas seulement à l'étranger que la
découverte de Henri Becquerel avait eu du retentissement. En France (où, cependant, il est bien
difficile à un Français d'être prophète), un physicien, déjà connu par d'admirables travaux sur
le magnétisme, M. Pierre Curie, professeur de
physique à l'École municipale de physique et de
chimie de la rue Lhomond, s'attaqua à la question.

Il pensa que les propriétés si génialement découvertes par H. Becquerel dans l'uranium ne devaient
pas être l'apanage exclusif de ce métal, et que
d'autres corps de la nature devaient, sans nul doute,
les posséder à un degré plus ou moins grand.

Pierre Curie venait d'épouser une jeune fille
d'une très haute intelligence et d'une érudition pro-
fonde, Mlle Sklodowska, Polonaise d'origine, et que
j'ai eu le grand honneur d'avoir quelques mois
comme élève, en 1892. quand je fus chargé de
faire pendant un semestre, à la Faculté des sciences, les conférences préparatoires à la Licence ès
sciences physiques, à laquelle se préparait la jeune
Polonaise.

Le 12 avril 1898, Mme Curie reconnut que les sels

d'un autre métal, le *thorium*, dégageaient également des rayons pénétrants.

M. et Mme Curie examinèrent alors une quantité de produits parmi lesquels les uns étaient radio-actifs, les autres ne l'étaient pas, Mais ils constataient que, sans exception, tous ceux qui présentaient la radio-activité à un degré quelconque contenaient, soit de l'uranium, soit du thorium.

Ce fut alors que se produisit le fait capital d'où devait sortir le radium.

M. et Mme Curie s'aperçurent, au cours de leurs expériences, que certains échantillons de *pechblende* (minerai d'uranium que l'on trouve en Autriche) étaient plus actifs que l'uranium métallique lui-même.

Ils en conclurent que les corps radio-actif ne devaient, peut-être, leur radio-activité qu'à ce fait qu'ils contenaient, dans leur intérieur, des traces d'un corps inconnu, mais doué d'une activité radiante considérable.

Ils décidèrent aussitôt de rechercher ce corps inconnu, et de l'isoler s'il y avait lieu : ils y réussirent d'une manière triomphante, en décembre 1898.

PRÉPARATION DU RADIUM

Avant d'aller plus loin, avant de décrire en détail les propriétés du nouveau corps, disons rapidement comment on est parvenu à l'obtenir.

Le minerai qui donne uniquement, aujourd'hui, les produits radifères est le minerai de pechblende, qui provient de la mine de Joachimsthal, en Bohême. La pechblende est un minerai d'uranium. L'uranium est extrait dans la mine même : la substance radio-active se trouve dans les résidus de la préparation de l'uranium.

Le premier traitement de ces résidus est une opération gigantesque, pour laquelle M. et Mme Curie ont dû s'adresser à l'industrie privée, étant donnée l'énormité des masses qu'il faut mettre en jeu dans la première opération.

Sans entrer dans des détails qui n'intéresseraient que des chimistes de profession, je dirai simplement que pour travailler *une tonne* (1,000 kilogr) de résidus de pechblende, il faut mettre en jeu *cinq tonnes* de produits chimiques et *cinquante mille litres* d'eau de lavage.

Aucun laboratoire, on le voit, n'aurait pu offrir aux deux chercheurs les ressources nécessaires. Seule, une grande usine possédait l'espace, le matériel et la main-d'œuvre indispensables à de pareilles manipulations : disons, à l'honneur de l'industrie française. que la Société centrale de produits chimiques. qui s'est offerte à effectuer ces difficiles opérations dans ses usines de Javel, a tenu à le faire au prix de revient et sans consentir à en retirer aucun bénéfice Jusqu'à présent, elle a traité treize tonnes de résidus de pechblende, ce qui correspond à la manipulation de *sept cent mille kilogrammes* de matières diverses.

On voit, par les chiffres qui précèdent, que la préparation du radium n'est pas une petite affaire. Voici la ligne générale des opérations :

Après des lavages prolongés à grande eau, on avait une partie insoluble que l'on traitait par le carbonate de soude : on obtenait ainsi du carbonate de radium. De nouvelles manipulations amenaient les sels à l'état de chlorures. Ces derniers, lavés à l'acide chlorhydrique pur, donnaient, pour une tonne de résidus primitivement employés, quelques kilogrammes d'un mélange de chlorure de baryum et de chlorure de radium. On fractionnait ces quelques kilogrammes mécaniquement, jusqu'à obtention de deux cent cinquante grammes d'un chlorure qui était déjà *mille fois* plus actif que l'uranium métallique.

Arrivée à ce point, la première phase de la préparation était terminée : elle avait duré environ de trois mois à trois mois et demi !

Alors, après le travail à l'usine commençait le travail de laboratoire. L'usine a fourni du chlorure de baryum *radifère :* il s'agit d'en extraire du *chlorure de radium* pur. On y parvient en soumettant le mélange obtenu à des cristallisations fractionnées, en prenant comme dissolvant d'abord de l'eau distillée, puis de l'acide chlorhydrique pur. On utilise ainsi la différence de solubilité des deux chlorures : le chlorure de baryum se dissout, en effet, plus facilement que le chlorure de radium.

On arrive ainsi à obtenir du chlorure de radium pur, et à posséder un corps dont la radio-activité est presque deux millions de fois plus considérable que celle de l'uranium !

Naturellement, toutes les expériences faites avec l'uranium se font, avec le radium, avec la plus grande facilité.

C'est ainsi que, dès qu'ils furent en possession
du métal qu'ils avaient découvert, M. et Mme Curie
vérifièrent tous les faits énoncés, deux ans aupa-
ravant, par M. Becquerel : ils virent que les rayons
du radium pouvaient pénétrer les corps opaques,
qu'ils transportaient de l'électricité négative,
qu'ils déchargeaient à distance les corps électrisés,
qu'ils rendaient les gaz environnants bons conducteurs de l'électricité, qu'ils excitaient la luminosité
des corps phosphorescents.

Mais une chose restait à faire, pour confirmer
l'opinion des deux savants : il fallait démontrer
que le radium était bien un corps simple *nouveau*.

Cette démonstration fut faite par un savant
physicien français, M. Demarçay, qu'une mort
prématurée vient d'enlever à la science.

Demarçay s'était fait une spécialité des études
spectroscopiques, M. et Mme Curie lui remirent
quelques parcelles de leurs corps radifères, et il
reconnut, à l'aide de son spectroscope à étincelles,
des raies inconnues jusqu'alors, et qui caractéri-
saient bien un élément nouveau.

Plus dè doute : c'était un corps simple à ajouter
à la liste déjà longue de ceux que l'on connaît
aujourd'hui, mais un corps simple jouissant de
propriétés inattendues, stupéfiantes, bouleversant
toutes nos idées sur la matière et sur l'énergie.

Pour que cette histoire du radium soit complète,
il faut ajouter que M. Debierne a découvert, de
son côté, un nouveau produit radio-actif qu'il a
nommé l'*actinium*.

CHAPITRE V

PROPRIÉTÉS DU RADIUM. — PROPRIÉTÉS ÉLECTRIQUES DES
RAYONS. — DÉGAGEMENT DE CHALEUR.

Nous venons de voir par quelles longues et
pénibles opérations on devait passer pour obtenir
quelques parcelles d'un sel de radium pur.

Supposons, maintenant, que nous possédions
quelques centigrammes d'un tel corps ; étudions-
le et cherchons à lui arracher, l'un après l'autre,
les secrets physiques dont il semble le mystérieux dépositaire.

Ce que nous observons tout d'abord, c'est la
luminosité du produit nouveau : il émet par
lui-même des lueurs dans l'obscurité, à la façon
des vers luisants. C'est un point sur lequel nous
reviendrons tout à l'heure.

Nous remarquons aussi un fait bien caractéristique. Inutile d'essayer de faire, dans la chambre
où se trouve notre radium, une expérience délicate d'électricité statique : les électroscopes, auxi-
liaires indispensables de toutes les opérations, se
déchargent instantanément sous l'influence des
émanations radiques.

Essaye-t-on d'enfermer le radium dans un tube de plomb, afin d'obliger les rayons à s'affaiblir en se frayant passage à travers les compactes molécules d'un métal si dense? rien n'y fait, l'électroscope se décharge comme avant. Il faut expulser le coupable, c'est-à-dire emporter le morceau de radium, enfermé dans son tube de plomb, hors de la salle, bien loin de l'instrument électrisé, pour supprimer son action. N'est-ce pas extraordinaire? Et n'est-ce pas une première mais péremptoire démonstration des propriétés électriques transportées par les rayons radiques?

Le radium, par son rayonnement, provoque à un très haut degré la fluorescence ou la phosphorescence.

Ainsi, les cartons qui servent à l'exploration du corps humain à l'aide de rayons X (cartons recouverts d'une couche verdâtre de platino-cyanure) deviennent lumineux sous l'action d'un morceau de radium, *même placé à deux mètres*. Le verre devient fluorescent et finit par se colorer en brun ou en violet; en même temps, sa fluorescence diminue. Si l'on chauffe le verre ainsi altéré, il se décolore, et, en même temps que la décoloration se produit, le verre émet de la lumière. Après cela, le verre a repris la propriété d'être fluorescent au même degré qu'avant la transformation.

Le *diamant* est rendu phosphorescent par l'action des rayons du radium : on peut ainsi, à défaut d'autres moyens, le distinguer facilement des compositions qui ont la prétention de l'imiter, telles que le strass, etc., compositions qui ne prennent, sous l'action des rayons radiques, qu'une luminosité très faible.

On ne s'attendait guère à trouver ainsi au radium une application dans le domaine de la joaillerie, tant il est vrai que les découvertes scientifiques ont, souvent, les résultats les plus inattendus et les applications les plus surprenantes.

Ainsi donc, le radium rend phosphorescents une quantité de corps qui, sous l'excitation des rayons qu'il émet, s'illuminent dans l'obscurité. Mais c'est un axiome de droit que le législateur ne saurait se soustraire lui-même à la loi qu'il a édictée.

Les rayons du radium illuminent donc sa propre substance, et c'est pour cela qu'il est lumineux dans une chambre obscure : il manifeste ainsi lui-même la plus « éclatante » de ses propriétés.

DÉGAGEMENT DE CHALEUR PAR LES SELS DE RADIUM

Nous arrivons maintenant à l'une des propriétés les plus troublantes du radium, à celle qui permet d'entrevoir, dans un avenir plus ou moins rapproché, les plus extraordinaires conséquences, à celle qui renverse le plus les données sur lesquelles s'appuie la science contemporaine : c'est le dégagement de chaleur par les composés radifères.

Tout sel de radium est le siège d'un dégagement de chaleur spontané et continu. — Ce dégagement de chaleur a pour effet de maintenir les sels de radium à une température plus élevée que la température ambiante. Une expérience simple permet

de s'en rendre compte d'une façon nette et pré-
cise.

Prenons deux vases identiques, R et B, cons-
truits de manière à préserver le contenu du rayonnement calorifique des corps environnants. Dans
l'un de ces vases, R, mettons une petite quantité de
chlorure de radium, dans l'autre, B, une égale
quantité d'un corps inactif quelconque, par exem-

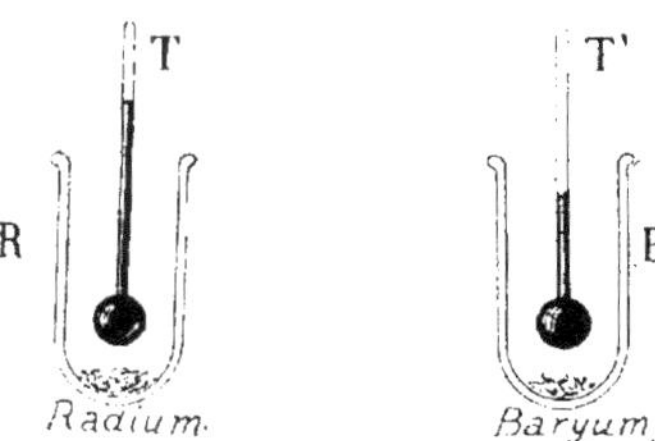

Fig. 2.

ple de chlorure de baryum. Enfin, dans les deux
récipients, plongeons deux thermomètres identiques, T et T', et abandonnons l'expérience à elle-
même.

Au bout d'un certain temps, nous pouvons
constater facilement et d'une façon certaine que
le thermomètre T, placé dans le vase contenant
le radium, indique toujours une température plus
élevée que le thermomètre T', placé dans le vase
où l'on a mis le corps inactif, comme le montre la
figure. Ce résultat se continue indéfiniment : le
radium est toujours d'environ *trois degrés* plus
chaud que les corps ordinaires *placés dans les mêmes
conditions*.

On peut mesurer exactement la *quantité de chaleur* dégagée par le radium; et ici, qu'il me soit permis de dire un mot de la différence essentielle qu'il y a entre la *température* et la *quantité de chaleur*, choses que, bien à tort, on confond souvent dans le langage familier.

La *température* d'un corps, c'est l'indication d'un thermomètre placé en contact avec ce corps Tandis que la quantité de chaleur est toute différente : nous allons le montrer par un exemple saisissant.

Considérons deux vases, l'un contenant *un litre*, l'autre contenant *cent litres*. Remplissons-les tous les deux d'eau, et faisons bouillir cette eau en chauffant chacun des deux vases avec un fourneau à pétrole.

Quand l'eau bouillira dans les deux vases, un thermomètre plongé dans chacun d'eux indiquera la même température : cent degrés. Et cependant, il a fallu fournir une *quantité de chaleur* cent fois plus grande pour faire bouillir les cent litres que pour faire bouillir le litre unique; on a *dépensé* cent fois plus de pétrole dans le premier fourneau que dans le second.

On voit donc qu'il ne faut jamais confondre les mots *chaleur* et *température*.

L'expérience que rappelle la figure 2 montre que la *température* du radium est toujours plus élevée que celle des corps environnants, mais elle ne mesure pas la *quantité de chaleur* rayonnée par le radium.

Pour mesurer cette quantité de chaleur, M. Curie a fait l'expérience suivante :

Il a pris un appareil formé de deux vases, A et

B, en verre : le vase A est soudé dans le vase B et celui-ci est terminé par un tube gradué C. Le vase B contient du mercure à sa partie inférieure et de l'eau par-dessus ; le vase A est vide. Cet appareil s'appelle un *calorimètre à glace ;* il a été imaginé par Bunsen.

On commence, à l'aide d'un appareil à produire

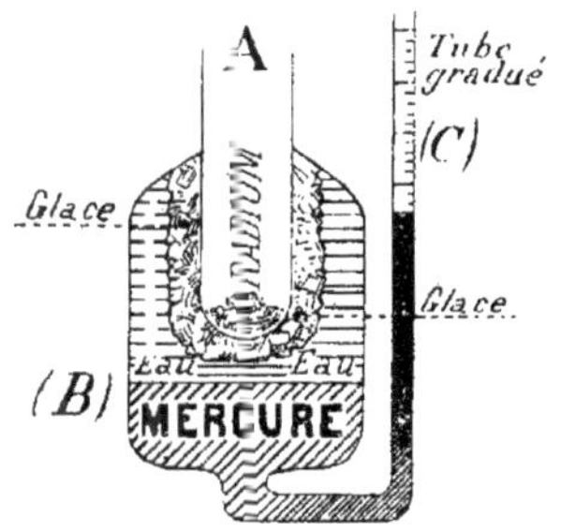

Fig. 3.

le froid, par congeler l'eau contenue dans le vase B; puis on introduit dans le vase A un fragment de radium que l'on a soigneusement pesé.

Aussitôt, on voit la glace commencer à fondre, et, par suite de cette fusion, le mercure descend dans le tube gradué. On sait, en effet, que la glace, en fondant, diminue de volume; un kilogramme de glace occupe un volume plus grand qu'un kilogramme d eau ; c'est justement ce qui fait que la glace flotte sur l'eau.

On constate que la baisse de mercure dans le tube gradué est *continue ;* ce qui montre bien que le dégagement de chaleur dû au radium est lui-même continu.

Cette expérience mesure, d'ailleurs, bien une *quantité de chaleur*, car tout le monde sait que pour fondre de la glace il faut *dépenser* de la chaleur, soit sous forme de charbon, soit sous forme de pétrole. d'esprit-de-vin, ou autrement.

Le dégagement continu de chaleur par le radium est donc matériellement prouvé. La même expérience permettra d'ailleurs de la mesurer, puisqu'on sait combien de chaleur il faut pour fondre un gramme de glace. Or, à une quantité déterminée de chaleur correspond une quantité déterminée de travail mécanique : les machines motrices, à vapeur, à gaz ou à essence, ne sont autre chose que des transformations de la chaleur en travail mécanique.

On a pu, ainsi, calculer que, *rien que sous la forme de chaleur* directement mesurable, un gramme de radium dégage, dans l'espace d'une heure, une quantité de chaleur qui serait suffisante pour élever son propre poids à *trente-quatre kilomètres de hauteur !* Et nous ne tenons compte, là, que des radiations calorifiques : il y a en outre les radiations électriques et lumineuses qui, elles aussi, représentent une quantité considérable d'énergie.

On voit donc que, jusqu'à ce qu'on ait trouvé la cause de ce dégagement, le radium semble réaliser cette utopie si souvent rêvée, autrefois, par des imaginatifs : le *mouvement perpétuel.* Mais aujourd'hui nous savons que rien ne se fait avec rien.

Il y a donc une cause à cette énergie rayonnée sans cesse par le radium.

Cette cause, nous ne la connaissons pas encore,

mais de tous côtés les savants se sont attelés à ce problème, et ce n'est pas là une des moindres applications du nouveau corps ; que dis-je ? c'est peut-être sa plus importante : obliger les chercheurs à se lancer dans une voie nouvelle. S'ils ne trouvent pas ce qu'ils cherchent, ils trouveront, en tous cas, quelque chose, et ce sera toujours une nouvelle conquête de la science.

Un débit de chaleur aussi considérable ne peut pas être expliqué par une réaction chimique ordinaire, étant donné surtout que l'état du radium semble rester le même pendant des années. On pourrait penser que le dégagement de chaleur est dû à une transformation de l'atome de radium lui-même, transformation qui serait forcément très lente.

S'il en était ainsi, on serait amené à conclure que les quantités d'énergie mises en jeu par la formation et la transformation des atomes, c'est-à-dire des particules primitives de matière qui constituent les corps simples, sont énormes, et dépassent en grandeur tout ce qui nous est connu jusqu'à présent.

EFFETS CHIMIQUES PRODUITS PAR LE RADIUM

Les rayons dégagés par le radium exercent des actions chimiques indiscutables sur les corps qu'ils rencontrent.

Ainsi, le verre et la porcelaine prennent une coloration spéciale. Le verre devient assez rapidement, suivant sa nature, violet, brun, jaune ou gris.

Les sels alcalins, comme le salpêtre (azotate de

potasse), primitivement blancs, passent à une teinte bleue, jaune ou verte. Le sel gemme se colore également. Le phosphore blanc passe à l'état de phosphore rouge. Le papier se colore, jaunit, devient cassant, il finit par prendre l'aspect d'une passoire criblée d'une foule de trous minuscules.

L'oxygène de l'air se transforme en ozone sous l'influence du radium, c'est-à-dire qu'il se condense pour ainsi dire, acquiert des propriétés oxydantes plus énergiques et devient un excellent antiseptique. On sait que par l'ozone l'on peut, comme l'a montré M. Otto, stériliser les eaux potables et combattre efficacement les maladies épidémiques. Qui sait s'il n'y a pas là, pour l'avenir, une application spéciale du radium, application hautement humanitaire !

Parmi ces actions chimiques, il ne faut pas oublier l'action sur les sels d'argent : les rayons radiques noircissent les sels d'argent. Cela revient à dire qu'ils impressionnent une plaque photographique, puisque ces plaques sont faites de bromure d'argent.

On pourra donc, avec le radium, faire des *radiographies*, comme on le fait avec les rayons X. Les corps métalliques, moins transparents que les corps organiques, montreront leur silhouette noire sur les épreuves positives obtenues. Là aussi, quand le radium sera obtenu à des prix abordables, il y aura une application des plus importantes :

En effet, pour faire une radiographie, pour

rechercher, par exemple, la trace d'un projectile logé dans un membre brisé, il faut tout l'attirail des rayons X : batterie d'accumulateurs, tubes de Crookes, transformateur puissant, etc. Avec le radium, un grain de sel radio-actif suffira à obtenir le même résultat. On voit donc qu'il peut y avoir, de ce chef, une application remarquable.

Parmi les actions chimiques que produit le radium, il en est une bien curieuse : une solution de bromure de radium décompose l'eau d'une manière continue, et on observe un dégagement permanent de gaz. Ces gaz sont uniquement de l'oxygène et de l'hydrogène; si on les recueille, on constate qu'il se dégage un volume d'hydrogène double de celui de l'oxygène pendant le même temps.

C'est à ces dégagements gazeux qu'il faut, sans doute, attribuer des accidents qui se sont produits au cours des recherches de M. et Mme Curie : des ampoules de verre, contenant des sels de radium, ont fait explosion sous l'action d'un faible échauffement. Cela tient probablement à des dégagements continus de gaz produits par le radium. Ces gaz s'accumulent dans les pores de la poudre qui constitue le chlorure de radium, et, si l'on chauffe l'ampoule qui le contient, se dégagent en masse, donnant ainsi naissance à une pression brusque, suffisante pour produire l'éclatement du petit récipient de verre.

Il a donc danger à conserver longtemps du radium en tube scellé !

Enfin, une des propriétés les plus remarquables du radium, c'est que son rayonnement paraît insensible aux variations de la température, contrairement à tout ce qui se passe dans la nature.

En effet, les variations de température modifient tous les phénomènes connus : la longueur d'une barre métallique varie, son élasticité change ; la tension électrique d'une pile suit les variations du thermomètre ; la force attractive d'un aimant subit des modifications à mesure que la température varie.

Pour le radium, c'est tout le contraire : qu'on le mette à la température de 30 degrés au-dessus de zéro ou à la température de l'air liquide (250 degrés *au-dessous*) son rayonnement reste le même ! C'est vraiment un mystère de plus dans ce corps si mystérieux.

CHAPITRE VI

COMPLEXITÉ DES RAYONS DU RADIUM. — LES TROIS
ESPÈCES DE RAYONS.

C'est en 1899 que M. Becquerel découvrit la
complexité des rayons du radium. Le savant professeur de l'École polytechnique eut l'idée d'étudier
la propagation des rayons du nouveau corps dans
le voisinage d'un aimant puissant, dans le but de
voir si ledit aimant exerçait sur la direction des
rayons une action déviante.

Ses efforts furent couronnés de succès, et il eut
la satisfaction de découvrir ainsi non seulement
que l'aimant agissait sur le rayonnement du radium,
mais qu'il le *décomposait* en trois séries de rayons
parfaitement distincts les uns des autres.

Un faisceau de rayons radiques contient donc
trois groupes ayant des propriétés différentes, et
que l'on a désignés par les trois premières lettres
de l'alphabet grec.

1° Les rayons α (*alpha*), très peu déviables par
l'aimant, et dont la déviation, toujours très faible,
est de sens inverse de celle des rayons de la
seconde espèce. Ces rayons sont analogues à des

rayons spéciaux, qui ne sont pas des rayons cathodiques, qui prennent naissance en arrière d'une
cathode perforée de petits trous, dans le tube de
Crookes, et qui sont connus des physiciens sous le
nom de *rayons-canaux;*

2° Les rayons β (*bêta*), tout à fait analogues aux
rayons cathodiques. Ce sont ces rayons qui ont
révélé pour la première fois l'existence des
rayons radiques. Des expériences nombreuses et
variées permettent d'affirmer qu'ils sont de tous
points assimilables aux rayons cathodiques Ces
rayons sont très peu pénétrants et ne traversent
pour ainsi dire pas les corps opaques; c'est une
ressemblance de plus avec les rayons cathodiques;

3° Les rayons γ (*gamma*), non déviables, mais
très pénétrants, tout à fait semblables aux rayons
X ; ce sont les rayons γ du radium qui permettent
d'obtenir la radiographie à l'aide des sels du
nouveau métal.

Un grain d'un corps radio-actif émet, par conséquent, toutes les variétés de rayons qui prennent
naissance dans les tubes de Crookes sous l'influence
de l'électricité à haute tension. Il ne restait plus,
une fois cela découvert, qu'à s'assurer que les
rayons du radium transportent, comme les rayons
cathodiques, de l'électricité négative pour que
l'assimilation fût complète. Cette découverte a été
faite par M. et Mme Curie; on peut, dès lors, affirmer que, tout comme les rayons cathodiques, *les
rayons du radium transportent de l'électricité négative.*

Nous nous trouvons donc en présence d'une

merveille de plus : le radium dégage déjà de la lumière et de la chaleur sans emprunter de travail pour arriver à cela, et le voici qui rayonne une troisième fois de l'énergie, de l'électricité! Il en rayonne spontanément cependant, et d'une façon en apparence inépuisable !

Ces rayons négatifs, analogues aux rayons cathodiques, sont assimilables à de véritables petits projectiles qui s'échapperaient du radium avec une vitesse considérable et dont la masse individuelle serait *mille fois* plus petite que celle d'un atome d'hydrogène, le plus petit atome connu. Or, on sait que ce dernier gaz fuse à travers toutes ses enveloppes ; il est le désespoir des aéronautes, qui ne sont pas encore parvenus à avoir pour leurs ballons des étoffes nettement imperméables. On comprend donc que les particules émises par les rayons radiques, de masse mille fois plus faible que celle des atomes d'hydrogène, pénètrent plus facilement à travers tous les corps connus.

Quelque invraisemblable que paraisse ce que nous allons dire, *M. Henri Becquerel est arrivé*, en comparant les propriétés électriques et magnétiques des rayons, à *mesurer leur vitesse :* il a trouvé, malgré les difficultés inouïes de pareilles déterminations, qu'elle était voisine de celle de la lumière : *300,000 kilomètres par seconde !*

EXPÉRIENCES DE SIR W. CROOKES

Nous venons d'assimiler les radiations radiques à de petits projectiles chargés négativement.

Sir W. Crookes, l'éminent physicien anglais, a légitimé cette assimilation par une expérience saisissante et absolument démonstrative..

Sur un cadre circulaire C est tendue une feuille de carton mince recouverte d'une couche légère de sulfure de zinc phosphorescent. Une tige T est placée près de ce carton, de façon que son extrémité arrive à un demi-millimètre de la surface phosphorescente, et à cette extrémité est fixée une parcelle, R, de radium (moins d'un milligramme).

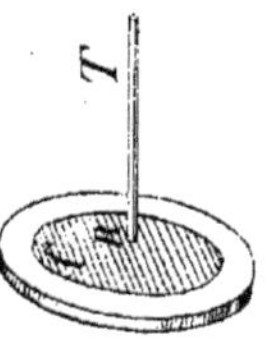

Fig. 4.

Ceci étant ainsi installé, portons l'appareil dans l'obscurité et regardons à l'aide d'une loupe la partie de l'écran tournée vers le radium : nous apercevons des points lumineux qui apparaissent et disparaissent sans discontinuer ; c'est comme une fourmilière d'étincelles instantanées, une pluie de microscopiques étoiles filantes.

Chacune de ces étincelles est due au choc de ces projectiles émis par le radium ; et c'est avec une admiration sans bornes, une sorte d'effroi respectueux que l'on voit cette expérience, en se demandant si, pour la première fois depuis l'histoire du monde, nous ne sommes pas en présence de l'atome lui-même, de la particule élémentaire, infinitésimale, essence de toute matière, point d'application de toute force !

Tout à l'heure, nous rappelions que M. Becquerel avait pu mesurer la vitesse de ces projectiles d'électricité négative qui constituent ce bombardement atomique. Cette vitesse est de *300,000* kilomètres à la seconde.

Munis de ce chiffre, nous pouvons calculer l'énergie émise par le rayonnement d'un composé radio-actif.

En faisant ce calcul, on trouve que, *rien que pour un gramme de radium*, l'énergie ainsi rayonnée est de *plusieurs milliards de chevaux-vapeur*.

Si l'on se rappelle (ce que nous avons mentionné plus haut) que l'énergie rayonnée pendant une heure, sous forme de chaleur, suffirait à élever le poids du même gramme de radium à 34 kilomètres de hauteur, si l'on réunit à cette énergie calorifique l'énergie électrique et celle des autres rayonnements, on peut, ou plutôt, on ne peut plus imaginer la puissance formidable, et qui semble inépuisable, que représente un gramme de radium !

Ce nouveau corps est donc bien un sphinx, un mystère permanent et que nous sommes loin d'avoir pénétré.

Avant de terminer ce chapitre, il sera peut-être intéressant pour le lecteur de savoir par quels moyens M. Becquerel a découvert la complexité des rayons du radium.

Cette découverte a été faite par la photographie.

Un faisceau étroit de rayons radiques, limités

par une fente percée dans un épais bloc de plomb, se propageait horizontalement. en rasant la surface d'une plaque photographique au gélatino-bromure. Sous la plaque était placé le pôle d'un aimant puissant : le tout placé dans la chambre obscure.

Après quelques minutes d'expérience, on développe la plaque, et on trouve, en examinant le cliché, deux impressions : l'une en ligne droite, l'autre déviée vers la droite; ce sont deux des trois faisceaux que nous avons énumérés en commençant, les rayons β et les rayons γ.

En résumé, le radium émet trois sortes de rayons : des rayons déviables par l'aimant, analogues aux rayons cathodiques, et des rayons non déviables, de deux sortes : les uns très absorbables, les autres très pénétrants et analogues aux rayons X.

CHAPITRE VII

LA RADIO-ACTIVITÉ INDUITE ET L'ÉMANATION. — COMMUNI-
CATION DES PROPRIÉTÉS DU RADIUM AUX CORPS QUI
L'AVOISINENT.

Sauf l'action sur les organismes vivants, dont nous parlerons à la fin, nous avons exposé toutes les propriétés inhérentes au radium lui-même et à son rayonnement direct.

Mais il y a une propriété plus étonnante que toutes les autres, dont nous avons à parler maintenant. C'est l'*activation*, par le radium, des substances placées dans son voisinage. Le radium, en effet, n'est pas égoïste. il ne garde pas pour lui seul la puissance mystérieuse qu'il possède; il la communique aux corps voisins : c'est ce qu'on appelle la *radio-activité induite*, phénomène découvert en 1899 par M. et Mme Curie.

Ces savants ont, en effet, remarqué que, sous l'influence du radium, les autres corps devenaient temporairement radio-actifs; la radio-activité ainsi acquise disparaît lentement, à partir du moment où l'action excitante du radium a cessé de le provoquer.

M. Curie a fait, de ce phénomène, une étude approfondie.

Il a reconnu que la radio-activité induite se produit avec une intensité considérable dans les espaces clos. Il a montré, par des expériences aussi nombreuses que démonstratives, que le phénomène ainsi engendré était le même pour toutes les substances, et que son intensité ne changeait pas, même quand on faisait varier, entre des limites assez larges, la pression dans le vase où l'on fait l'expérience. Il n'y a qu'un seul cas où la radio-activité ne se produise pas : c'est celui où l'on enlève constamment, en faisant le vide avec une machine pneumatique, les gaz qui se sont dégagés dans le vase où l'on expérimente.

Les dissolutions des sels du radium manifestent le phénomène avec plus d'intensité que les sels solides, et communiquent les propriétés radiques à tous les corps enfermés avec elles dans le même vase. Les liquides, en particulier, deviennent ainsi facilement radio-actifs. Ils ont alors toutes les propriétés du radium ; ils émettent, comme lui, des rayons pénétrants, qui traversent les enveloppes de verre en les rendant lumineuses, et cette activité induite se propage de proche en proche dans le gaz d'une enceinte close, même à travers des tubes capillaires et des fissures imperceptibles. Si le corps qui s'active par influence est un corps phosphorescent, il devient, du même coup, lumineux.

L'ÉMANATION

On le voit, la radio-activité induite constitue une propriété remarquable dont on doit la découverte à M. et Mᵐᵉ Curie ; mais il y en a une plus ex-

traordinaire encore, due au physicien anglais Rutherford; c'est l'*émanation*, curieuse non seulement
par elle-même, mais parce qu'elle fournit l'explication de la radio-activité induite elle-même.

Qu'est-ce donc que l'*émanation?* Nous allons
essayer de le montrer.

Il semble qu'il se dégage de tout sel de radium
en dissolution une substance inconnue, qui agit à
la manière des gaz, et qui est elle-même radio-active
pendant une durée assez longue. Cette matière —
est-ce bien « matière » qu'il faut dire? — se diffuse
à la façon d'une vapeur extrêmement subtile, mais,
*contrairement aux rayons du radium, cette émanation
ne traverse pas les corps,* elle demeure confinée dans
les flacons qui l'enferment. La moindre paroi
continue l'arrête, forme un obstacle à sa diffusion.

En revanche, *on peut distiller l'émanation radique
comme on distille un liquide,* il suffit de la condenser
dans un récipient très petit, que l'on refroidit à
une température extrêmement basse, par exemple
en le plongeant dans l'air liquide.

Dans ces conditions, la distillation se fait, *l'émanation* se concentre dans le petit espace froid, comme
une vapeur se condense dans le serpentin de
l'alambic. Et il suffit même que l'espace refroidi
communique avec le vase où se produit l'émanation par un orifice infiniment étroit, par un tube
capillaire, par exemple.

Une expérience simple permet de démontrer
facilement tout ce que nous venons d'énoncer.

Dans un vase V, fermé par un robinet R, on
place une dissolution d'un sel de radium. Ce vase

communique par un tube M N avec deux ampoules de verre superposées, A et B, dans lesquelles
on peut faire le vide par un tube T. Le verre des deux
ampoules A et B est enduit de sulfure de zinc qui, à
l'état ordinaire, n'est pas lumineux dans l'obscurité.

Après avoir mis la dissolution radifere dans le
vase V, fermons le robinet R, et faisons le vide
dans les ampoules A et B. Le vide étant fait, on le
maintient en fermant le robinet R'; on laisse le

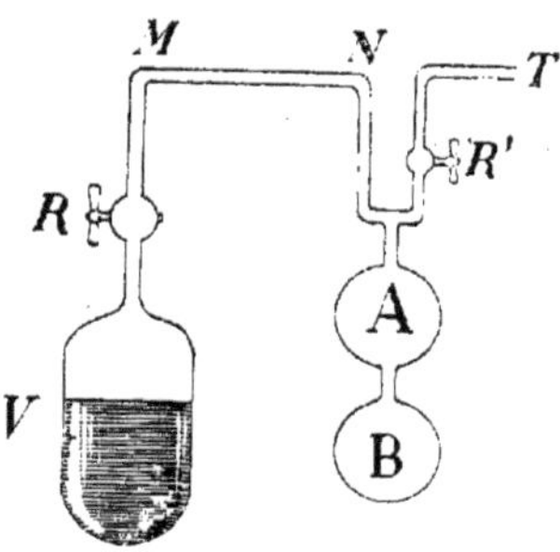

Fig. 5.

tout en l'état pendant un temps suffisant pour que
l'émanation puisse se dégager de la dissolution;
les deux ampoules A et B sont toujours obscures.

Alors, ouvrons brusquement le robinet R :
l'émanation produite dans le vase V est aspirée par
l'espace vide A B, et les deux ampoules s'illuminent
aussitôt.

A ce moment, plongeons l'ampoule inférieure
B dans l'air liquide, à une température inférieure
à 220°. Aussitôt l'émanation s'y condense tout entière, abandonnant l'ampoule A qui redevient

obscure, alors que la luminosité de l'ampoule B s'est augmentée.

L'émanation s'est donc bien comportée comme l'aurait fait une vapeur.

ÉMANATION ET RADIO-ACTIVITÉ

La présence de *l'émanation* est nécessaire pour provoquer la radio-activité, que le rayonnement seul est impuissant à produire : toute enveloppe solide qui arrête les gaz arrête aussi l'émanation et s'oppose au phénomène de la radio-activité induite. Au contraire, dans un espace clos où se trouve un corps radifère susceptible d'émettre l'émanation, celle-ci se porte *sur tous les corps sans exception* placés dans la même enceinte, et les rend temporairement radio-actifs.

Si, dans une enceinte fermée, l'on a confiné l'émanation, et qu'on supprime dans cette enceinte la présence du corps radiant, l'émanation persiste mais *en décroissant d'intensité*. Cette décroissance est de 50 0/0 en quatre jours si l'enceinte est fermée, de 50 0/0 en une demi-heure si elle est ouverte à l'air extérieur.

Ajoutons qu'un sel de radium qui a été chauffé au rouge et refroidi possède une activité moindre qu'avant la chauffe, mais peu à peu il reprend son activité première. Le sel chauffé au rouge a perdu la propriété de produire la radio-activité induite ; mais pour lui rendre cette propriété, il suffit de le dissoudre : il peut alors de nouveau activer les corps qui l'avoisinent.

On voit par là que, pour qu'un corps émette des rayons pénétrants, il n'est pas nécessaire qu'il soit lui-même radio-actif : il suffit qu'il ait été enfermé quelque temps dans un vase contenant en même temps une dissolution d'un sel de radium.

Mais le corps ainsi « activé » n'a pas un ponvoir rayonnant constant : son pouvoir diminuera avec le temps, tandis que le rayonnement des corps radio-actifs par eux-mêmes demeurera invariable.

Il faudra donc, dans la recherche des minerais de radium, apporter la plus grande circonspection pour ne pas tomber dans de graves erreurs et prendre pour radio-actifs des corps simplement *activés* par un contact de quelques heures avec du radium ou un de ses composés.

CHAPITRE VIII

ACTION DU RADIUM SUR LES ORGANISMES VIVANTS

En présence des propriétés extraordinaires du radium et des corps radio-actifs, on était en droit de s'attendre à ce qu'ils exerçassent des actions spéciales sur les tissus végétaux et animaux ; c'est, en effet, ce qui a lieu, et c'est ce qui permet d'entrevoir des applications médicales qui troublent quelque peu la raison.

LE RADIUM ET LA VISION

D'abord, il y a l'action sur les organes de la vision : elle est extraordinaire et presque miraculeuse.

Ainsi, si l'on vient à approcher de l'œil, dans l'obscurité, un fragment de radium *enfermé dans une boîte opaque*, on a la sensation d'une vive lumière : tous les liquides, toutes les substances qui constituent l'œil deviennent aussitôt phosphorescentes et provoquent ainsi l'impression lumineuse sur la rétine.

On a essayé l'expérience sur des aveugles : ils ont eu la sensation lumineuse tout comme les

3

voyants. Peut-être y a-t-il là le salut pour toute
une classe de déshérités, pour ces malheureux
privés de la vue, vraiment désarmés dans l'existence Ce serait une belle et noble application de
la science pure que de rendre la lumière à ceux
qui sont condamnés aux ténèbres par une infirmité
réputée jusqu'ici incurable.

Projetés sur les centres nerveux, les rayons du
radium provoquent la paralysie et la mort. L'expérience, naturellement, n'a pas été tentée sur des
êtres humains, mais sur des souris : le rayonnement radique agit rapidement et d'une façon mor-
telle sur les centres nerveux. La boîte cranienne
semble protéger efficacement le cerveau contre
l'action des rayons dangereux.

LES BRULURES DU RADIUM

Les rayons du radium agissent énergiquement
sur la peau; M. Becquerel en a fait, à plusieurs
reprises, la pénible expérience.

Ainsi, les extrémités de ses doigts, qui ont tant
manié les tubes et les capsules renfermant les produits actifs, sont devenues dures, blanches et très
douloureuses : l'inflammation des extrémités des
doigts a duré quinze jours et s'est terminée par la
chute de la peau. Quant à la sensibilité douloureuse,
elle a persisté pendant plus de deux mois. M. et
Mme Curie ont éprouvé, eux aussi, des accidents
du même genre.

M. Becquerel a été victime d'un autre genre de
lésions.

Le 3 et le 4 avril 1901, il avait porté sur lui, dans la poche de son gilet, quelques décigrammes de chlorure de baryum radifère très actif (800,000 fois plus actif que l'uranium). La matière était enfermée dans un tube en verre scellé, de 20 millimètres de longueur et de 4 millimètres de diamètre, enveloppé de papier et enfermé dans une petite boîte de carton.

Le rayonnement du produit était assez intense pour provoquer la phosphorescence du platino-cyanure de baryum *à travers tout le corps*. Le tout avait été, comme nous l'avons dit, mis dans la poche du gilet de l'illustre physicien et porté pendant une durée totale de six heures.

Le 13 avril, sans avoir ressenti aucune douleur, M. Becquerel s'aperçut que le rayonnement, passant au travers du tube de verre, de la boîte et des vêtements, avait produit sur la peau une tache rouge ; celle-ci devint plus foncée les jours suivants, dessinant en rouge la forme oblongue du tube. Le 24 avril, la peau tombait, et la partie attaquée se creusait et se mettait à suppurer. La plaie fut soignée pendant un mois avec du liniment oléo-calcaire, comme une brûlure ordinaire, et le 22 mai, c'est-à-dire quarante-neuf jours après l'action des rayons, la plaie se ferma, laissant une cicatrice dans la région qui marquait la place du tube. Dans toute la région attaquée, la peau a subi une altération complète qui, *au bout de deux ans et demi*, est encore très marquée, figurant une partie plus blanche parsemée de marbrures rouges.

Pendant qu'on donnait des soins à cette brûlure, on vit apparaître, le 15 mai 1901, une seconde tache rouge oblongue, en regard de l'autre coin de la poche du gilet où avait été placée la matière active. L'action remontait, soit à la même date que plus haut, soit vraisemblablement au 11 avril, mais elle avait été de courte durée : une heure au plus. L'inflammation apparaissait donc *trente-quatre jours après* l'action excitatrice, et se développait en prenant tout à fait l'aspect d'une brûlure superficielle. Le 26 mai, la peau commençait à tomber; soignée comme la première, cette brûlure guérit rapidement en ne laissant sur la peau qu'une coloration brune et quelques filets rouges qui subsistent encore au bout de deux ans.

Cette action sur la peau a conduit certains médecins à tenter l'application du radium pour le traitement du *lupus* et du *cancer*. Il semble que, *dans certains cas*, on ait observé une amélioration. Mais les faits que nous avons rapportés plus haut montrent qu'il faut apporter la plus grande prudence dans le maniement du nouveau corps : s'il guérit certaines affections, il peut provoquer les accidents les plus graves, soit sur la peau, soit sur le système nerveux, et il ne faut pas oublier que la devise de la médecine doit être : *primum non nocere*, avant tout ne pas être nuisible.

Cela ne veut pas dire qu'il ne faille pas travailler dans ce sens : d'éminents physiologistes, au premier rang desquels il faut citer le savant professeur d'Arsonval, membre de l'Institut, se sont attachés à ce travail. Entre de telles mains, on peut être sûr que le radium donnera tout ce qu'il pourra donner. L'éminent académicien essaye, en ce moment même, d'étucier l'action physiologique de l'*émanation* radique, concentrée au maximum par refroidissement dans l'air liquide. Il injecte dans le sang des animaux des liquides saturés de cette émanation. Ce sont des recherches difficiles, appelées peut-être à d'immenses résultats.

LE RADIUM ET LES MICROBES

On pouvait se demander quelle serait l'action des rayons de radium sur les microbes. MM. Aschkinass et Caspari ont étudié leur effet sur les bactéries. Toutes les espèces sont arrêtées dans leur développement et quelques-unes, *comme le charbon*, peuvent être tuées dans certaines conditions. Il y a là une application dont l'importance n'échappera à personne.

Il faut aussi mentionner des expériences faites au Muséum, dans le laboratoire de M. Becquerel, par M. Matout, sur la germination des graines exposées au rayonnement du radium avant d'être plantées. Les expériences ont porté sur des graines de cresson et de moutarde blanche; des graines, en nombre égal, étaien. divisées en deux séries placées dans les mêmes conditions : l'une était exposée aux rayons radiques, l'autre servait de témoin.

Au bout d'une semaine d'exposition, on constata *qu'aucune des graines exposées au rayonnement du radium n'avait pu germer*, alors que les mêmes graines, n'ayant pas subi l'influence radiante, germaient dans la proportion de 8 sur 10.

Le rayonnement du radium détruit donc, dans les graines, la faculté de germer.

En résumé, nous possédons un nouvel agent, dont l'action sur les organismes vivants est incontestable, et qu'il ne faut employer qu'avec la plus extrême prudence. C'est toute une étude à faire, c'est une branche de la physiologie et de la médecine à créer de toutes pièces.

CHAPITRE VIII

LES RAYONS N

Ce petit livre ne serait pas complet si, avant de le terminer, je n'y consacrais quelques pages à une nouvelle catégorie de radiations, decouvertes il y a très peu de temps par M. Blondlot, professeur de physique à l Université de Nancy.

C'est en étudiant les rayons X que le savant physicien a trouvé des rayons qui émanaient du tube de Crookes *et qui n'étaient pas des rayons Rœntgen*. Les rayons X, en effet, ne se réfractent pas, ne sont pas déviés par le prisme, tandis que les nouveaux rayons (que M. Blondlot appela *rayons N* en hommage à la ville de Nancy) sont susceptibles d'être concentrés au foyer d'une lentille d'aluminium.

Ces rayons traversent des planches de chêne de plusieurs centimètres d'épaisseur, des plaques d'aluminium épaisses de trois centimètres; mais ils sont arrêtés par l'eau, le papier mouillé, le plomb, le platine.

On met leur existence en évidence par l'action qu'ils exercent sur une source lumineuse faible dont ils augmentent l'éclat : par exemple, une étincelle électrique ou une minuscule flamme de gaz.

Où prennent naissance ces rayons N ?

D'abord dans le tube de Crookes, où **M.** Blondlot les a découverts, mais on en trouve dans la lumière du bec Auër, dans la lumière solaire. Tous les corps longtemps exposés au soleil en dégagent un peu : une brique ramassée dans la rue émet des rayons **N**.

Tous les corps comprimés en sont des sources . le bois, le verre, pendant leur compression, en émettent régulièrement. L'acier trempé, dont la matière a subi, par les trempes, une sorte de *contrainte*, est une source de rayons N.

Les rayons N ont, sur l'œil, une action curieuse : ils augmentent son acuité visuelle.

Ainsi, dans une chambre où se trouve une horloge à cadran blanc, il arrive un moment où, si l'on diminue graduellement la lumière, on n'aperçoit plus que le cadran sous forme de tache blanche, sans qu'on puisse distinguer les chiffres qui marquent les heures. Vient-on alors à approcher de l'œil une lime en acier trempé, source de rayons N? aussitôt on recommence à distinguer les chiffres et les aiguilles! Seulement — et ceci est très important — le phénomène ne se produit que progressivement, au bout de quelques secondes seulement.

Il faut, de plus, avoir soin de ne faire aucun effort pour observer : il faut regarder naturellement, sans quoi l'œil se fatigue, on croit voir des variations d'éclat là où il n'y en a pas, et on n'obtient qu'un résultat négatif. L'observation de ces phénomènes paraît très délicate et exige un œil exercé et sensible.

Les rayons N, arrêtés par l'eau pure, traversent au contraire l'eau salée qui les emmagasine. C'est peut-être là une de leurs grandes applications dans la nature, étant donné que l'eau salée des océans recouvre les trois quarts de la surface de la terre.

Les rayons N illuminent le sulfure de calcium phosphorescent. C'est un moyen simple de manifester leur présence.

On colle quelques grains de phosphure de calcium sur un carton noir, et on se place dans l'obscurité. Si on approche du carton un corps dégageant des rayons N, l'éclat du phosphure augmente rapidement. Il suffit même de *siffler* d'une façon aiguë pour augmenter l'éclat de la poudre phosphorescente : la compression que l'air subit, du fait de la vibration sonore, suffit à la production locale de rayons N. Cette expérience montre combien est délicate l'observation des rayons N : il est indispensable, dans toutes ces recherches, de ne pas parler haut, sous peine de troubler l'expérience.

LES RAYONS N ET LE CORPS HUMAIN

Nous arrivons à une manifestation vraiment stupéfiante des rayons N; je veux parler de leur présence dans le corps humain.

Prenons un carton recouvert de phosphure de calcium et excitons la luminosité de ce corps phosphorescent par une particule de radium placée à quelque distance. Puis, mettons la main, ouverte naturellement, contre le carton.

Fermons alors le poing de façon à produire une contraction, un effort de la main : aussitôt, les nerfs émettent des rayons N et sur le trajet la luminosité de la plaque phosphorescente augmente : le trajet des nerfs est alors dessiné en traits plus brillants que le fond.

Ces expériences, dues au Dr Charpentier, de Nancy, ont excité au plus haut point la curiosité et l'intérêt du monde savant. Dès qu'elles furent annoncées, M. Mascart, le savant président de l'Académie des Sciences, est allé à Nancy : il y a constaté l'exactitude des résultats annoncés par MM. Blondlot et Charpentier. Toutefois, nous le répétons, ces expériences sont extrêmement délicates et leur netteté est très loin d'être comparable à celle des phénomènes de la radio-activité.

Voilà encore une mine inépuisable ouverte à l'activité de nos chercheurs; comme on le voit, nos savants travaillent sans relâche, et nous pouvons vraiment être fiers de voir des Français à la tête de ce mouvement de rénovation scientifique. La science du xxe siècle s'annonce bien.

CHAPITRE IX

ORIGINE DE L'ÉNERGIE DU RADIUM. — APPLICATIONS
DU RADIUM

Nous avons exposé, dans les chapitres précédents, l'histoire du radium, en nous maintenant dans le domaine exclusif des faits observés, des résultats bruts de l'expérience, sans nous laisser entraîner par des digressions théoriques.

Mais maintenant que nous avons vu les troublantes propriétés du nouveau corps, maintenant que nous avons exposé les manifestations inattendues de son énergie qui semble inépuisable, nous pouvons, nous devons nous demander s'il y a quelque explication possible à donner de ces énigmatiques manifestations.

Deux hypothèses principales peuvent être proposées pour cela.

Dans la première, on imagine, comme Mme Curie, « que tout l'espace est constamment traversé par des rayons analogues aux rayons X, mais beaucoup plus pénétrants, et ne pouvant ê're absorbés que par certains éléments comme l'uranium, le thorium, le radium, éléments dont le *poids atomique* est considérable. L'énergie serait ainsi empruntée à un rayonnement cosmique ou solaire, et les corps actifs la transformeraient, absolument comme le verre transforme les rayons cathodiques en rayons X. »

Dans l'autre hypothèse, c'est l'atome lui-même qui serait le siege d'une production d'énergie. L'origine de l'énergie rayonnée serait une destruction moléculaire de la matière elle-même. Cette destruction, qui pourrait mettre en jeu des quantités d'énergie considérable, aurait lieu soit spontanément, en vertu d'une propriété physique nouvelle, soit sous l'influence d'une intervention extérieure.

Le phénomène serait une sorte d'évaporation ou de pulvérisation, comparable à la production des odeurs que certains corps émettent sans que l'on puisse, même au bout d'un temps assez long, constater une diminution appréciable de leur poids; et l'*émanation* serait comparable à un gaz transportant une odeur.

Dans cette dernière hypothèse, on aurait quelque chose d'analogue à ce qui se passe dans certaines combinaisons chimiques qui ont exigé, pour se former, une quantité de chaleur considérable, et qui la dégagent en se décomposant.

L'atome des corps radio-actifs ne serait donc pas invariable, et l'on serait ainsi conduit à admettre qu'il se détruit par une sorte d'explosion. Les *débris* seraient en partie de la matière inerte, en partie des particules extra-ténues qui constitueraient les diverses espèces de rayonnements.

L'hypothèse de la destruction permanente de

l'atome se présente donc naturellement pour justi-
fier l'émission des matières corpusculaires.

Toutefois, il est intéressant de rappeler ici une
hypothèse inverse, imaginée par **M.** Filippo Re, et
présentée à l'Académie des Sciences le 8 juin 1903.

L'auteur assimile les atomes matériels à de
petits systèmes planétaires : ils ne seraient autres
que des groupements dont les éléments obéis-
sent aux lois de la gravitation universelle, lois
qui régissent les mouvements et la position des
astres dans le ciel. Il constate que l'énergie qu'il a
fallu dépenser à l'origine, pour constituer ces
groupements, a dû être énorme, si l'on en juge par
l'impossibilité où nous sommes de les detruire.
Dans ces conditions, les atomes de matière inerte,
comme le cuivre, le plomb, l'argent, le zinc...,
seraient des soleils éteints, tandis que les atomes
radio-actifs : radium, thorium, uranium, seraient,
au contraire, des soleils en pleine activité subis-
sant une condensation progressive, condensation
qui dégagerait ainsi l'énergie observée dans le
rayonnement de ces nouveaux corps.

Cette conception est grandiose et fort belle : elle
présente l'intérêt magistral qui s'attache aux ten-
tatives que l'esprit humain peut et doit faire pour
ramener à une loi unique l'atome, monde infiniment petit, et l'univers, monde infiniment grand.

*
* *

Et maintenant, demandons-nous, pour terminer,
quelles sont les applications possibles du radium et
des corps radio-actifs.

On est ébloui quand on voit les chiffres qui traduisent l'énorme rayonnement de ces corps, et, à la première impression, on entrevoit tout de suite des automobiles, des trains de chemins de fer, des transatlantiques lancés à travers le monde avec une vitesse foudroyante, animés qu'ils seraient par la formidable énergie dégagée par le radium.

Nous n'en sommes pourtant pas encore là.

D'abord, le prix extrêmement élevé du radium s'oppose à toute application industrielle; puis, le rayonnement du radium se fait lentement : témoin les brûlures qu'il occasionne et qui n'apparaissaient que longtemps après. Il n'est donc pas encore près de remplacer nos combustibles industriels ou la puissance de nos chutes d'eau.

Mais ses applications scientifiques sont considérables.

D'abord, ses applications à l'étude des phénomènes de la vie, peut-être à la guérison de certaines maladies, ou à la destruction de microbes dangereux, lui assignent une place de premier ordre parmi les découvertes récentes.

L'importance générale du radium tient à ce qu'il va orienter la physique dans une voie tout à fait nouvelle.

Il va falloir reviser les lois connues, en chercher d'autres, peut-être va-t-on être ainsi conduit à la découverte de forces physiques insoupçonnées. En tous cas, des phénomènes nouveaux sont et seront encore trouvés par des savants; et l'on sait que chaque fois que la science pure fait un pas en avant, les applications suivent de près, et le bien-être général de l'humanité tout entière s'en trouve aussitôt augmenté. L'histoire du siècle écoulé est là, qui apporte la preuve de ce que je viens d'énoncer, par sa vapeur, ses chemins de fer, son électricité.

Ayons donc confiance. La route de la science, si droite jusqu'ici, est arrivée à un tournant brusque. Où mène ce tournant? nous n'en savons rien, au juste, mais il mène dans des régions inexplorées où nous avons tout à conquérir.

Et chaque conquête nouvelle, dans ces régions inconnues de la science de demain, augmentera la dette de reconnaissance que nous avons contractée envers les savants Français qui s'appellent Becquerel et Curie.

DEMANDEZ

Chez tous les Libraires

le livre **saisi et interdit** en Allemagne et qui a atteint en moins de 2 mois **130 éditions** dans les autres pays de langue allemande.

PETITE GARNISON

PAR

Le Lieutenant BILSE

Roman sensationnel traduit pour la première fois de l'allemand en langue française, avec compte rendu détaillé **du procès** intenté au Lieutenant Bilse et le **Jugement** du **CONSEIL DE GUERRE DE METZ**.

UN BEAU VOLUME AVEC COUVERTURE EN COULEURS

ET PORTRAIT DE L'AUTEUR

En vente partout.... **3 fr. 50**

Envoi franco contre mandat-poste.

Le 100ᵉ mille de PETITE GARNISON est actuellement sous presse.

Adresser les demandes à la Librairie Universelle

33, Rue de Provence, PARIS (IXᵉ)

Téléphone : **134-57**. *Adresse télégraphique :* **LIBUN-PARIS**

Le Gérant : F. MASSON.   Sceaux. Imp. Charaire.

www.ingramcontent.com/pod-product-compliance
Ingram Content Group UK Ltd.
Pitfield, Milton Keynes, MK11 3LW, UK
UKHW020027100726
13658UKWH00003B/1150